BEI GRIN MACHT SICH IHR WISSEN BEZAHLT

- Wir veröffentlichen Ihre Hausarbeit,
  Bachelor- und Masterarbeit

- Ihr eigenes eBook und Buch -
  weltweit in allen wichtigen Shops

- Verdienen Sie an jedem Verkauf

Jetzt bei www.GRIN.com hochladen und kostenlos publizieren

Toni Börner

Der gesetzliche Mindestlohn. Eine Kontroverse in der Bundesrepublik.

Stand: 2008

GRIN Verlag

Bibliografische Information der Deutschen Nationalbibliothek:

Die Deutsche Bibliothek verzeichnet diese Publikation in der Deutschen National-
bibliografie; detaillierte bibliografische Daten sind im Internet über http://dnb.d-
nb.de/ abrufbar.

Impressum:

Copyright © 2008 GRIN Verlag GmbH
Druck und Bindung: Books on Demand GmbH, Norderstedt Germany
ISBN: 978-3-640-19520-6

Dieses Buch bei GRIN:

http://www.grin.com/de/e-book/117128/der-gesetzliche-mindestlohn-eine-kontro-
verse-in-der-bundesrepublik

GRIN - Your knowledge has value

Der GRIN Verlag publiziert seit 1998 wissenschaftliche Arbeiten von Studenten, Hochschullehrern und anderen Akademikern als eBook und gedrucktes Buch. Die Verlagswebsite www.grin.com ist die ideale Plattform zur Veröffentlichung von Hausarbeiten, Abschlussarbeiten, wissenschaftlichen Aufsätzen, Dissertationen und Fachbüchern.

Besuchen Sie uns im Internet:

http://www.grin.com/

http://www.facebook.com/grincom

http://www.twitter.com/grin_com

Ruprecht-Karls-Universität Heidelberg
Geographisches Institut
Sommersemester 2008
PS Wirtschaftsgeographie
Verfasser: Toni Börner
Hausarbeit zum Thema:

Der gesetzliche Mindestlohn

-

Darstellung einer aktuellen Kontroverse in der Bundesrepublik

Fächerkombination: Geschichte: 10. Semester
Politische Wissenschaft: 8. Semester
Geographie: 5. Semester
Abschlussziel: Staatsexamen

Inhaltsverzeichnis

1   Einleitung

Im Juli 2008 hat die Bundesregierung den dritten Armuts- und Reichtumsbericht vorgelegt. Darin geht sie davon aus, dass im Jahr 2005 in etwa 11 % der Bevölkerung als dauerhaft einkommensarm gegolten haben. Jeder 9. Deutsche ist also von Armut betroffen, jeder 20. sogar von strenger, dauerhafter Armut (Armutsbericht 2008, S. 26). Die Bruttolöhne und – gehälter der Arbeiter gingen zwischen 2002 und 2005 real um 4,8 % zurück (Ebd., S. 11f). Im Niedriglohnsektor lässt sich eine Zunahme der Beschäftigung beobachten, so dass mittlerweile 36,4 % aller Beschäftigten für einen Lohn arbeiten, der weniger als zwei Drittel des durchschnittlichen Lohnes beträgt (Ebd., S. 12).

Ein gesetzlicher Mindestlohn, so die Befürworter, könne hier Abhilfe schaffen, während die Gegner schwerwiegende Folgen für die deutsche Wirtschaft prognostizieren, sollte ein solcher Mindestlohn eingeführt werden. Fakt ist, die Bundesrepublik Deutschland ist eines der wenigen großen europäischen Länder und führenden Industrienationen, in der es keinen gesetzlichen Mindestlohn gibt. Aber seit einiger Zeit tobt auch in Deutschland eine Debatte darüber, ob unsere Gesellschaft der Einführung eines solchen bedarf. Die Standpunkte in dieser Debatte lassen sich wunderbar an folgenden zwei Zitaten zeigen:

„Besser working poor als nur poor."

Michael Hüther, Direktor des Instituts der deutschen Wirtschaft, in: DIE ZEIT vom 09.03.06.

„Es ist und bleibt eine Unanständigkeit erster Güte, dass Menschen, die einen ganzen Tag arbeiten, anschließend auf die Unterstützung vom Staat angewiesen sind."

Jürgen Trittin am 28. Mai 2008 bei Hart aber Fair (ARD).

Für die eine Seite ist es wichtiger, dass die Menschen überhaupt eine Arbeit haben, während für die andere Seite von Bedeutung ist, dass die Menschen von dieser Arbeit auch leben können. Im Folgenden wird aufgezeigt, wo in Gesellschaft und Politik in der Bundesrepublik die Trennlinie zwischen Mindestlohn-Befürwortern und –Gegnern verläuft und was ihre jeweiligen Argumente sind. Davor wird in einem Kapitel der Frage nachgegangen, was überhaupt unter Mindestlohn zu verstehen ist und wie die derzeitige Situation in Deutschland aussieht. Abschließend wird dann der Fokus auf die europäischen Nachbarn erweitert. Welche Länder in der EU haben gesetzliche Mindestlöhne und wie hoch sind diese? Im Mittelpunkt der Betrachtung steht dabei der französische SMIC, da Frankreich sowohl was die Größe der

Bevölkerung als auch was die Wirtschaftskraft und –struktur betrifft noch am ehesten mit der Bundesrepublik vergleichbar ist. Abschließend werden die Ergebnisse zusammengefasst.

2 Mindestlohn – Definition und derzeitige Situation in der BRD

Geht man nach dem Wörterbuch zur Politik von Schmidt, so ist ein Mindestlohn: „der gesetzlich oder tarifvertraglich vereinbarte Mindestlohn für lohn- oder gehaltsabhängige Arbeit" (Zit. Schmidt 2004, S. 451). Ein Mindestlohn kann also auf zwei Ebenen betrachtet werden.

Ein tariflicher Mindestlohn bedeutet, dass die Sozialpartner, also Arbeitgeber und Arbeitnehmer, eine untere Lohnstufe für jeweils eine Branche aushandeln. Jede Branche kann also einen eigenen Mindestlohn haben, der auch in der Höhe von dem anderer Branchen abweichen kann. Die Höhe des Lohnes hängt dabei hauptsächlich von der zu verrichtenden Arbeit sowie der Größe und vor allem der Marktmacht der betreffenden Gewerkschaft ab. Ein gesetzlicher Mindestlohn ist hingegen ein vom Gesetzgeber verfügter. Dieser Mindestlohn ist allgemeingültig, er gilt also für alle Branchen gleich.

Wie sieht die Situation nun in der Bundesrepublik aus? Wie schon erwähnt, ist die Bundesrepublik eines der wenigen wirtschaftsstarken Länder ohne gesetzlichen Mindestlohn. In der EU gibt es insgesamt nur 7 Länder, die keinen nationalen gesetzlichen Mindestlohn haben. Neben Deutschland sind das Dänemark, Schweden, Finnland, Österreich, Italien und Zypern (Vgl. Schulten 2006, S. 18).

In der Bundesrepublik ist es weit verbreitet, dass der Staat öffentliche Aufgaben an Interessensgruppen und Verbände delegiert. So haben die Verbände von Arbeit und Kapital, also die Gewerkschaften und die Arbeitgebervertretungen, im Rahmen der Tarifautonomie das Recht (und die Pflicht) neben Arbeitsbedingungen und der Regelung der beruflichen Ausbildung vor allem die Lohnhöhe auszuhandeln (Vgl. Schmidt 2007, S. 127). Durch diese Tarifautonomie hat der Staat eigentlich keine Möglichkeit, auf die Höhe von Löhnen und Gehälter direkten Einfluss zu nehmen (Vgl. Hartmann 2004, S. 218). Die Gewerkschaften sind in Deutschland größtenteils im DGB, dem deutschen Gewerkschaftsbund, vereinigt, der die politische Unterstützung der SPD, der Partei Die Linke sowie des CDU-Arbeitnehmerflügels genießt. Auf der anderen Tarifseite finden wir die Arbeitgeberverbände, die größtenteils in dem Dachverband BDA, Bundesvereinigung Deutscher Arbeitgeberverbände, zusammengeschlossen sind. In der Bundesrepublik ist das Prinzip des Flächentarifvertrages vorherrschend. Arbeitgeber und Arbeitnehmer organisieren sich in für

4

Regionen und/oder Branchen repräsentativen Verbänden und handeln Löhne aus, die dann für die gesamte Region und die gesamte Branche gültig sind (Vgl. ebd. S. 219f).

In einigen Branchen gibt es jedoch so etwas wie einen gesetzlichen Mindestlohn. Durch das 1996 verabschiedete Entsendegesetz wurde festgelegt, dass ausländische Arbeitskräfte, die auf Baustellen in der Bundesrepublik Deutschland beschäftigt sind, nicht nach dem in ihrem Herkunftsland üblichen Entgelt bezahlt werden, sondern dass ihr Lohn dem deutschen Mindeststundenlohn im Baugewerbe entspricht (Vgl. Schmidt 2004, S. 196f). Die eigentlich auf das Baugewerbe beschränkte Regelung wird nun aber erweitert. Bis zum 31. März 2008 lief eine Frist, in der sich andere Branchen um eine Aufnahme in das Entsendegesetz bewerben konnten. Welche Branchen das im Einzelnen sind, geht aus Tabelle 1 hervor. Insgesamt würden so zu den 1,9 Millionen Arbeitskräften, denen durch dieses Gesetz ein gesetzlicher Mindestlohn sicher ist, weitere 1,6 Millionen Arbeitnehmer hinzu kommen. Der DGB erwartet die ersten Gesetzesentwürfe im Sommer 2008 (Vgl. DGB-HP, Entsendegesetz. Zur Auflösung der Homepagekürzel siehe Literaturverzeichnis).

Abbildung 1: Branchen, die sich um Aufnahme ins Entsendegesetz beworben haben

Branche	Beschäftigte
Zeitarbeit	630.000
Pflegedienste	565.000
Wach- und Sicherheitsgewerbe	170.000
Entsorgungswirtschaft	140.000
Großwäschereien	30.000
Weiterbildungsbranche	23.000
Forstliche Dienstleistungen	10.000
Bergbauspezialarbeiten	2.500

Eigene Darstellung, nach: http://www.mindestlohn.de/meldung/aktuell/entsendegesetz/

3 Befürworter und ihre Argumente

Im Folgenden werden einige Befürworter eines einheitlichen Mindestlohnes sowie ihre jeweiligen Argumente vorgestellt. Womit untermauern die jeweiligen Akteure ihre Forderung und wie weitreichend ist diese? Vorgestellt wird das Konzept des DGB, dem sich auch die SPD angeschlossen hat, sowie das weiter gehende Programm der Partei DIE LINKE.

3.1 Der DGB und die SPD

Der DGB fordert einen flächendeckenden Mindestlohn von 7,50 € die Stunde. Dieser soll, wenn möglich, tariflich ausgehandelt, wenn nötig, gesetzlich beschlossen werden. Die SPD hat sich ebenfalls dieser Forderung angeschlossen und fordert ebenso einen gesetzlich verankerten Mindestlohn, der es dem Werktätigen erlaubt, sich und seine Familie zu ernähren. Dies soll erreicht werden, indem das Entsendegesetz auf alle Wirtschaftsbereiche ausgeweitet wird (Vgl. SPD-HP, Gute Arbeit). Im Folgenden werden die Wichtigsten Argumente von DGB und SPD aufgelistet und kurz erläutert.

Niedriglöhne erhöhen die Schwarzarbeit (Vgl. DGB-HP, Fehlargumente)

Das Argument des DGB ist, dass durch niedrige Löhne die Menschen dazu verleitet werden, neben ihrer regulären Arbeit noch eine weitere Arbeit anzunehmen. Mit einem Mindestlohn seien die Geringverdiener durch die höheren Einkommen nicht mehr auf eine zusätzliche, unter Umständen „schwarze" Arbeit angewiesen. Somit könnten Mindestlöhne effektiv Schwarzarbeit verhindern.

Mindestlöhne verhindern Lohnarmut und führen zu neuen Jobs (Vgl. DGB-HP, Arbeitsplätze)

Durch die höheren Löhne hätten die Verbraucher mehr Geld für den Konsum. Steigende Preise würden durch die höhere Kaufkraft der Kunden durch den Mindestlohn ausgeglichen und die dadurch erhöhte Nachfrage würde letztendlich zu neuen Jobs führen.

7,50 € ist unter vergleichbarem Niveau der europäischen Nachbarn (Vgl. DGB-HP, Europa)

Die gesetzlichen Mindestlöhne der westlichen Nachbarn der BRD sind alle höher als 7,50 €. In Frankreich beträgt er beispielsweise seit dem 01. Juli 2008 8,71 €. In keinem dieser Länder, so das Argument, seien die Befürchtungen der Mindestlohngegner eingetreten. Daher könne auch in Deutschland ein Mindestlohn eingeführt werden.

Gerechte Löhne als Ausdruck der Anerkennung von Leistung (Vgl. SPD-HP, Gute Arbeit)

Die Menschen müssen das Gefühl haben, für ihre Arbeit auch entsprechend entlohnt zu werden, Niedriglöhne würden hingegen die Grundwerte der sozialen Ordnung der Bundesrepublik zerstören. Die Wirtschaft habe für den Menschen, und nicht umgekehrt, da zu sein. Ist dies nicht gegeben, müsse die Politik steuernd eingreifen.

Niedriglöhne gehen auf Kosten aller Steuerzahler (Vgl. ebd)

In Deutschland sind derzeit etwa 500.000 Vollzeitbeschäftigte auf ergänzende Grundsicherungshilfen aus Steuermitteln angewiesen. Diese Hilfen belasten den Steuerzahler doppelt. Zum Einen wird es aus seinem Steueraufkommen bezahlt, zum Anderen fehle diese Summe für Investitionen in Bildung und Infrastruktur. Ein gesetzlicher Mindestlohn würde dazu führen, dass weniger Menschen auf ergänzende staatliche Hilfen angewiesen sind.

Die Argumente von DGB und SPD sind größtenteils ökonomischer Natur. Mindestlöhne seien wirtschaftsfördernd, da sie die Binnennachfrage stärken würden. Darüber hinaus würden sie Schwarzarbeit vermindern und sogar neue Jobs schaffen. Daneben gibt es auch das moralische Argument, dass Menschen von ihrer Arbeit auch leben können müssen und ein gerechter Lohn auch als Anerkennung für gute Arbeit gesehen werden muss.

3.2 Die Partei DIE LINKE

Die Partei DIE LINKE fordert ebenfalls sowohl einen gesetzlichen Mindestlohn als auch tarifliche Branchenmindestlöhne. Tariflich ausgehandelte Löhne werden dann als Branchenmindestlöhne festgesetzt, sofern sie über dem gesetzlichen Mindestlohn von 8 € liegen. Dieser gesetzliche Mindestlohn soll regelmäßig erhöht werden, damit er über der Armutsgrenze bleibt (Vgl. 8 Euro-HP, Eckpunkte). Die wichtigsten Argumente der Partei werden im Folgenden aufgelistet, wobei eine doppelte Nennung mit Argumenten von DGB und SPD vermieden wird.

Gefahr des Lohndumpings durch direkte Grenze zu Osteuropa (Vgl. 8 Euro-HP, Stimmen)

Da die Bundesrepublik eine direkte Grenze zu osteuropäischen EU-Staaten habe, sei hier besonders die Gefahr des Lohndumpings gegeben. Daher sei es besonders in Deutschland notwendig einen gesetzlich verankerten Mindestlohn festzulegen.

Geschlechtergerechtigkeit (Vgl. ebd.)

In der BRD sind nur ca. ein Drittel aller Vollzeiterwerbstätigen Frauen, während fast zwei Drittel der im Niedriglohnsektor Arbeitenden Frauen sind. Mindestlöhne könnten also besonders im Bereich der Minijobs, die in der Regel nicht tariflich abgesichert sind, Frauen zu größerer Selbstständigkeit verhelfen.

Mindestlöhne wichtig für Osten (Vgl. ebd.)

In den neuen Bundesländern arbeiten die meisten Menschen nicht tarifgebunden. Deswegen seien Mindestlöhne besonders hier wichtig, da die Löhne vieler Menschen im Ostteil der Republik weit entfernt vom geforderten Mindestlohn liegen.

Mindestlohn als Voraussetzung zur kulturellen Teilhabe (Vgl. ebd.)

Durch einen Mindestlohn könne gewährleistet werden, dass die Menschen am kulturellen Leben in Deutschland teilhaben können, also ins Kino, in den Biergarten oder ins Theater gehen und nicht mehreren Jobs nachgehen müssen, die ihnen die Zeit für Familie und gesellschaftliches Engagement rauben.

Die Argumente der LINKEN drehen sich neben den ökonomischen Aspekten, die im Großen und Ganzen die gleichen sind, die auch DGB und SPD anbringen, vor allem um gesellschaftliche Bedingungen. Die Verringerung der Ost-West-Disparitäten sowie der Ungleichheit der Löhne zwischen den Geschlechtern und Mindestlöhne als Voraussetzung zur kulturellen Teilhabe stehen im Vordergrund.

4   Gegner und ihre Argumente

Nachfolgend werden zwei Gegner eines einheitlichen gesetzlichen Mindestlohnes kurz vorgestellt und ihre wichtigsten Argumente jeweils kurz umrissen. Vorgestellt werden die Argumentation des BDA sowie der FDP.

4.1   Der BDA

Die Bundesvereinigung der deutschen Arbeitgeberverbände positioniert sich gegen die Einführung eines gesetzlichen Mindestlohns, da Mindestlöhne unsozial seien und Arbeitsplätze vernichten würden. Vielmehr setzt der BDA auf die Tarifautonomie. In einer Broschüre vom 13.05.2008 listet der BDA 13 Gründe auf, warum er gegen den Mindestlohn ist, von denen die Wichtigsten nun kurz dargelegt werden.

<u>Mindestlöhne verhindern Einstieg in Arbeit</u> (Vgl. BDA-Broschüre, S. 2)

Besonders Langzeitarbeitslosen und gering qualifizierten Arbeitskräften würde durch Mindestlöhne der Einstieg in neue Beschäftigungsverhältnisse erschwert, da ihre geringe Produktivität keine höheren Löhne zulasse.

<u>Mindestlöhne vernichten Arbeitsplätze</u> (Vgl. ebd.)

Gesetzliche Mindestlöhne würden die Gesetze und Bedingungen des Marktes ignorieren. Die höheren Löhne würden die Betriebe zu Rationalisierungen zwingen, die die Arbeitslosenzahl um 1,1 Millionen nach oben anwachsen ließe.

<u>Mindestlöhne verletzen die Tarifautonomie</u> (Vgl. ebd., S. 4)

Jeder staatliche Eingriff in die Lohnpolitik wertet der BDA als Angriff auf die Tarifautonomie. Durch einen gesetzlich verankerten Mindestlohn wären Tarifverträge unterhalb dieser Grenze außer Kraft gesetzt. Darüber hinaus bedeute Tarifautonomie auch, dass Arbeitsbeziehungen auch ohne Tarifvertrag geregelt werden können.

<u>Mindestlöhne verhindern Wettbewerb</u> (Vgl. ebd., S. 6)

Branchen dominierende Unternehmen wie die Deutsche Post AG könnten die gesetzlichen Regelungen zu ihren Kosten ausnutzen und damit ihre Konkurrenz ausschalten. Mindestlöhne nutzen also den starken Unternehmen, während sie die schwachen Unternehmen benachteiligen.

<u>Mindestlöhne machen Löhne zum Spielball der Politik</u> (Vgl. ebd.)

Besonders in Zeiten von Wahlkämpfen, so die Befürchtung des BDA, würde die Lohnhöhe zu parteipolitischen Spielbällen. Um sich die Gunst der Wählerschaft zu sichern, würden sich die Parteien im Vorfeld von Wahlen mit immer höheren Mindestlöhnen versuchen zu profilieren

<u>Mindestlöhne in anderen europäischen Ländern zeigen negative Wirkung</u> (Vgl. ebd. S. 7)

Mindestlöhne hätten, so zeige der internationale Vergleich, eine negative Wirkung auf den Arbeitsmarkt. Vor allem in Frankreich würde der gesetzliche Mindestlohn zu einer hohen Jugendarbeitslosigkeit führen. Dagegen würden Länder mit hohen sozialen Mindestsicherungen, die denen der Bundesrepublik ähnlich sind, ganz bewusst auf gesetzliche Mindestlöhne verzichten.

Die Argumentation des BDA ist also größtenteils ökonomischer Natur. Durch die höheren Löhne würde gering Qualifizierten und Langzeitarbeitslosen nicht nur der (Wieder-)Einstieg ins Arbeitsleben erschwert, vielmehr würden die hohen Löhne die Unternehmen dazu zwingen, Beschäftigte zu entlassen, besonders im gering qualifizierten Bereich. Darüber hinaus würden unter Mindestlöhnen vor allem die kleineren, schwächeren Unternehmen leiden und somit der Wettbewerb empfindlich gestört.

4.2 Die FDP

Die FDP sieht in der Einführung gesetzlicher Mindestlöhne die falsche Antwort auf den zunehmenden Wettbewerbsdruck durch Niedriglohnländer, da die Mindestlöhne die Probleme auf dem Arbeitsmarkt nur noch weiter verschärfen würden (Vgl. Liberale Argumente, S. 2).

Besonders im gering qualifizierten Bereich würden durch Mindestlöhne Arbeitsplätze vernichtet und ins billigere Ausland bzw. in die Schwarzarbeit verlagert (Vgl. ebd.). Speziell für Langzeitarbeitslose würden die Chancen „auf einen ihrer Produktivität entsprechend bezahlten Arbeitsplatz" sinken (Zit. ebd.). Die Opfer von Mindestlöhnen seien also vor allem Langzeitarbeitslose und gering Qualifizierte.

Mindestlöhne sind darüber hinaus ein bürokratischer Mehraufwand und würden die Inflexibilität, unter der der deutsche Arbeitsmarkt jetzt schon leide, nur noch weiter erhöhen Mindestlöhne würden außerdem tendenziell dazu führen, dass die Preise steigen. Dies schwäche die Kaufkraft der Bürger und führe im Endeffekt zu Nachfrageausfällen, was eine Schaffung neuer Arbeitsplätze verhindere (Vgl. ebd.).

Für die FDP sind ein funktionierender Niedriglohnsektor und ein flexibles Tarifrecht, das auch betriebliche Bündnisse zulässt, besonders wichtig für die Bundesrepublik, damit sich die gezahlten Löhne auch an der Produktivität der Arbeitenden orientieren können und die Unternehmen sich auf verändernde Wettbewerbsbedingungen einstellen könnten (Vgl. ebd. S. 2).

Wie beim BDA ist die Argumentation der FDP vor allem ökonomisch angelegt. Durch gesetzliche Mindestlöhne wäre die deutsche Wirtschaft aufgrund der noch größeren Inflexibilität des Arbeitsmarktes nicht mehr Konkurrenzfähig und es würde dadurch zum Abbau von Arbeitsplätzen kommen. Besonders Langzeitarbeitslose wären von gesetzlichen Mindestlöhnen betroffen, da es keine Arbeit, die ihrer Produktivität entsprechen würde, mehr gebe.

Betrachtet man nun die Argumente der Befürworter und der Gegner von gesetzlichen Mindestlöhnen zusammen, fällt auf, dass einige Argumente bei beiden Seiten vorkommen, nur mit umgedrehten Vorzeichen.

Während die Befürworter davon ausgehen, dass durch Mindestlöhne die Kaufkraft der Bürger erhöht werde und dadurch neue Jobs geschaffen würden, führen die Gegner an, dass durch Mindestlöhne die Preise steigen würden, was die Kaufkraft der Bürger vermindere. Dadurch würde die Wirtschaft geschwächt und Arbeitsplätze vernichtet.

Ähnlich zweideutig ist auch der Verweis auf andere Länder. Während die Befürworter keine gravierenden negativen Auswirkungen auf die Wirtschaft durch die Einführung von Mindestlöhnen sehen, führen die Gegner an, dass durch Einführung von Mindestlöhnen Arbeitsplätze vernichtet würden. Im folgenden Kapitel wird das internationale Argument näher beleuchtet.

5   Der internationale Vergleich

Wie schon erwähnt, haben fast alle Mitgliedsstaaten der Europäischen Union einen gesetzlichen Mindestlohn. Die Spannbreite der festgelegten Löhne ist dabei sehr groß und reicht von 112,5 € in Bulgarien über 312,7 € in Polen und 700 € in Spanien bis hin zu den Topwerten in Großbritannien mit 1222,5 €, in Frankreich mit 1280 € und in Luxemburg mit 1570 € (Vgl. Abbildung 2).

Abbildung 2: ausgewählte monatliche Mindestlöhne in Euro, Stand 2008

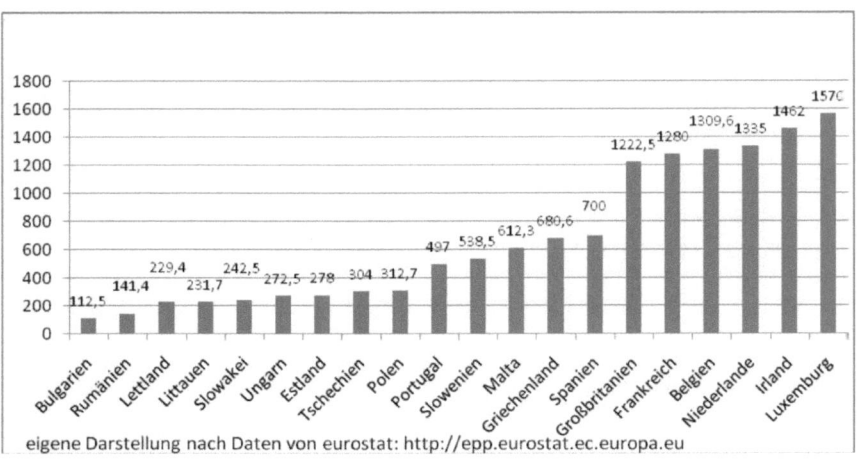

eigene Darstellung nach Daten von eurostat: http://epp.eurostat.ec.europa.eu

Innerhalb der EU lassen sich, bezogen auf die Höhe der gesetzlich verankerten Mindestlöhne, drei Ländergruppen ausmachen (Vgl. Schulten 2005, S. 15f). Die erste Gruppe mit den höchsten Mindestlöhnen besteht aus den Benelux-Staaten, Großbritannien, Frankreich und Irland mit Mindestlöhnen von über 1200 €. Zur zweiten Gruppe mit mittleren Mindestlöhnen zwischen 400 und 700 € gehören die südeuropäischen Staaten Spanien, Portugal, Griechenland und Malta sowie Slowenien. In der Gruppe mit niedrigen Mindestlöhnen von unter 400 € befinden sich die ost- und südosteuropäischen Länder. Das Verhältnis zwischen niedrigstem Mindestlohn und höchstem beträgt ungefähr 1:14 (Luxemburg 1570 € : Bulgarien 112,5 €). Berücksichtigt man allerdings die Kaufkraft in den Ländern, so verringert sich diese Differenz auf ein Verhältnis von 1 : 4,5 (Vgl. Schulten 2005, S. 16).

Erstellt man eine Modellrechnung auf Basis der DGB-Forderung von 7,5 €, so würde ein deutscher Mindestlohn bei ungefähr 1200 € im Monat liegen (7,5 € mal 40 Stunden pro Woche und 4 Wochen pro Monat; bei einer angenommenen 35-Stunden-Woche würde der Mindestlohn nur 1050 € betragen) und damit am unteren Ende des oberen Drittels im internationalen Vergleich. Die DGB-Forderung scheint also nicht überzogen, wenn man Deutschlands Nachbarn betrachtet.

Im Folgenden wird der gesetzliche Mindestlohn in Frankreich näher betrachtet. Welche Funktion hat der Mindestlohn in Frankreich und welche Erfahrungen wurden dort damit gemacht?

5.1   Der SMIC in Frankreich

Bereits 1950 wurde in Frankreich ein allgemein verbindlicher gesetzlicher Mindestlohn eingeführt (Vgl. Schmid/Schulten 2005, S. 102). Seit 1970 gilt die gesetzliche Mindestlohnregelung SMIC (salaire minimum interprofessionnel de croissance). Dieser Mindestlohn gilt für alle Berufsgruppen und ist wachstumsorientiert. Beträgt die Teuerungsrate mehr als 2 %, wird der Mindestlohn für alle Empfänger automatisch dementsprechend erhöht. Darüber hinaus wird der Mindestlohn jährlich per Regierungsdekret an die allgemeine Lohnentwicklung angepasst (Vgl. ebd. S. 105f).

Der Mindestlohn gilt für alle Beschäftigten in Frankreich mit Ausnahme von unter 18-jährigen, die weniger als 6 Monate Berufserfahrung haben, für Auszubildende, die vor der eigentlichen Berufsausbildung ein Praktikum absolvieren, für Menschen mit bestimmten Behinderungen sowie für Gefangene, die einer Arbeit nachgehen. Im Juli 2004 erhielten in

Frankreich etwa 14,8 % der Beschäftigten, in absoluten Zahlen also ca. 3,3 Millionen Menschen den SMIC (Vgl. ebd. S. 111f).

Betrachtet man die Zusammensetzung der Mindestlohnempfänger, dann fällt auf, dass besonders viele Beschäftigte unter 26 Jahren (2001: 31,7 %) und überproportional viele Frauen (2001: 19,9 %) den SMIC beziehen, während nur etwa jeder 10. Mann den Mindestlohn bekommt (Vgl. ebd. S. 113).

Die wirtschaftliche Bedeutung des Mindestlohnes wird in Frankreich kontrovers diskutiert. Besonders die hohe Jugendarbeitslosigkeit wird von Autoren, die der neoklassischen Arbeitsmarkttheorie anhängen, häufig als direkte Folge des SMIC gewertet (Vgl. ebd. S. 116f). Andere Autoren verweisen jedoch darauf, dass der SMIC nur geringe Beschäftigungseffekte für die Jugendlichen habe, da ein großer Teil der Jugendlichen aufgrund der Ausnahmeregelungen vom SMIC gar nicht betroffen sei. Darüber hinaus habe der SMIC auch positive beschäftigungspolitische Bedeutung. Der Lohnwettbewerb der Unternehmen werde nach unten hin begrenzt und begünstige damit eher produktivitätsfördernde Unternehmensstrategien. Außerdem würden höhere Löhne die Motivation und die Produktivität der Angestellten fördern. Ferner habe der SMIC positive Effekte auf die private Nachfrage, was sich direkt auf die Entwicklung von Wachstum und Beschäftigung ausgewirkt habe (Vgl. ebd. S. 117).

Zusammenfassend lässt sich also feststellen, dass der Mindestlohn in Frankreich zwar geringe negative Beschäftigungseffekte hat, die positiven Effekte aber zu überwiegen scheinen. Die hohe Jugendarbeitslosigkeit in Frankreich, die als Argument von den Mindestlohngegnern auch in Deutschland angebracht wird, hat aber aufgrund der Ausnahmeregelungen andere Ursachen. Dass überproportional viele Frauen und jüngere Arbeitskräfte den SMIC beziehen, zeigt, dass er es ihnen ermöglicht, zu einem gerechten Lohn einer Arbeit nachzugehen. Somit scheint der SMIC tatsächlich etwas dazu beitragen zu können, dass Frauen nicht zu Hungerlöhnen arbeiten müssen. Die Stärkung der Kaufkraft der SMIC-Empfänger führt außerdem zu einer größeren Binnennachfrage. Eine befürchtete Teuerung der Waren wird durch den Anpassungsmechanismus des SMIC wieder aufgehoben.

Nun ist es natürlich nicht ratsam, die Erfahrungen aus Frankreich oder eines anderen Landes einfach auf die Bundesrepublik Deutschland anzuwenden. Jedes Land hat eigene Charakteristika und Strukturen und ein Vergleich ist daher immer mit Vorsicht zu genießen. Allerdings lässt solch ein Blick über die Grenzen hinweg deutlich werden, dass einige

Befürchtungen, was den Mindestlohn angeht, unbegründet sind bzw. Argumente, die vorgebracht werden, wie eine hohe Jugendarbeitslosigkeit als Folge der Einführung eines Mindestlohnes, eben nicht greifen. Die insgesamt positiven Effekte eines Mindestlohnes wie in Frankreich können auch für die Bundesrepublik erwartet werden, wenn solch ein Mindestlohn denn richtig konzipiert wird. Die Anpassung des SMIC an die Teuerungsrate und an die allgemeine Lohnentwicklung hat sich über mehrere Jahrzehnte hinweg bewährt.

6   Zusammenfassung und Ausblick

Die Trennlinie zwischen Mindestlohn-Befürwortern und –Gegnern verläuft, wie gezeigt, hauptsächlich zwischen Arbeitnehmervertretern und Arbeitgebervertretern. Gewerkschaften und Parteien des eher linken Spektrums beziehen klar Position für die Einführung eines gesetzlichen Mindestlohnes, während wirtschaftsfreundliche Parteien wie die FDP oder Verbände der Arbeitgeber wie der BDA sich eindeutig gegen einen gesetzlichen Mindestlohn positionieren. Die Unionsparteien, in der es sowohl einen großen Arbeitnehmer- wie auch einen starken Arbeitgeberflügel gibt, wirken in dieser Frage häufig uneins bzw. unentschlossen.

Die Argumente der Befürworter sind vor allem moralischer und ökonomischer Natur, während die Gegner hauptsächlich wirtschaftlich argumentieren. Einige Argumente sind dabei, wie gezeigt, auf beiden Seiten zu finden, nur mit umgekehrten Vorzeichen. Ob die Einführung eines gesetzlichen Mindestlohnes tatsächlich der deutschen Wirtschaft schaden kann oder ob er vielmehr ein Segen für sie bedeutet, ist im Vorfeld allerdings nur schwer zu ermessen. Ein Blick über die Grenzen Deutschlands hinweg kann hier jedoch einige Anhaltspunkte bieten. Nahezu alle großen Industrienationen sowie fast alle Mitglieder der Europäischen Union haben einen gesetzlich verankerten Mindestlohn. Bei näherer Betrachtung des französischen SMIC wurde aufgezeigt, dass dieser gesetzliche Mindestlohn sich über die Jahrzehnte bewährt hat. Natürlich ist bei solch einem Vergleich auch immer Vorsicht geboten, da trotz vieler Gemeinsamkeiten eben auch essentielle Unterschiede zwischen der Bundesrepublik Deutschland und Frankreich bestehen. Der Vergleich sollte auch nicht dazu dienen, die Erfahrungen aus Frankreich eins zu eins auf Deutschland zu übertragen. Vielmehr kann er aber dabei hilfreich sein, bestehende Befürchtungen wie ein starkes Anwachsen der Jugendarbeitslosigkeit, hervorgerufen durch einen gesetzlichen Mindestlohn, zu beseitigen.

Ein gesetzlicher Mindestlohn von 7,5 €, wie ihn der DGB fordert, ist meiner Ansicht nach eher ein Nullsummenspiel. Die Betroffenen hätten bei solch einem Stundenlohn nicht unbedingt mehr Geld für den Konsum, da viele Niedriglohnempfänger noch Zuschüsse vom Staat bekommen. Somit würde weder die Kaufkraft der Betroffenen stark gesteigert, noch würden bei solch geringen Zuwächsen die Preise extrem in die Höhe gehen. Ein solcher Mindestlohn hätte meiner Meinung nach eher einen symbolischen Wert. Viele Menschen hätten dadurch, dass sie einer Vollzeitbeschäftigung nachgehen und nicht mehr auf staatliche Zuschüsse angewiesen sind, wieder das Gefühl, dass es sich auch lohnt zu arbeiten. Das geflügelte Wort vom gerechten Lohn scheint mir daher hier angebracht.

Um aber wirklich etwas an der eingangs beschriebenen Situation vieler Bundesbürger, die an der Armutsgrenze leben, obwohl sie einer Vollzeitbeschäftigung nachgehen, zu ändern, würde es eines Mindestlohnes bedürfen, der sogar noch weit über das Konzept der Partei DIE LINKE hinausgeht. Die deutsche Wirtschaft ist meiner Ansicht nach stark genug, um auch einen möglichen Mindestlohn von etwa 10 € zu verkraften. Dies würde zwar sicherlich zu einem Anstieg der Preise führen, jedoch sollten dabei auch nicht die positiven Effekte außer Acht gelassen werden. In Frankreich hat sich gezeigt, dass Mitarbeiter, die für ihre Arbeit auch anständig bezahlt werden, eine größere Motivation an den Tag legen.

Die Versuche der SPD, eine Ausweitung des Entsendegesetzes noch vor der Sommerpause durchzubringen, scheinen vorerst gescheitert, da sich die Union in dieser Frage nicht einig ist. Es wird aber weitere Gespräche geben und die Chancen, dass ein gesetzlicher Mindestlohn noch in dieser Legislaturperiode beschlossen wird, sind weiter gegeben (Vgl. Fokus-HP).

7 Literaturverzeichnis

BDA (Hrsg.): Tarifautonomie statt Mindestlohn – 13 gute Gründe gegen einen gesetzlichen

Mindestlohn, online verfügbar unter:

http://www.bda-
online.de/www/bdaonline.nsf/id/89AB86106D61F6FEC125744800337978/$file/BDA_Minde
stlohnbroschuere.pdf

(zuletzt am 27.07.08)

Hartmann, Jürgen (2004): Das politische System der Bundesrepublik Deutschland im

Kontext. Eine Einführung, Wiesbaden.

Lebenslagen in Deutschland. Der 3. Armuts- und Reichtumsbericht der Bundesregierung,

online verfügbar unter:
http://www.bmas.de/coremedia/generator/26896/lebenslagen__in__deutschland__der_
_3__armuts__und__reichtumsbericht__der__bundesregierung.html

(zuletzt am 27.07.08)

Liberale Argumente Nr. 3 vom 3. April 2006, online verfügbar unter:

http://www.fdp-fraktion.de/files/540/06-04-03-3-Mindestlohn.pdf

(zuletzt am 27.07.08)

Schmid, Bernhard/Thorsten Schulten (2006): Der französische Mindestlohn SMIC, in:

Mindestlöhne in Europa, hrsg. v. Thorsten Schulten, Reinhard Bispinck und Claus
Schäfer, Hamburg, S. 102 – 126.

Schmidt, Manfred G. (2004): Wörterbuch zur Politik. 2. Auflage, Stuttgart.

Ders. (2007): Das politische System Deutschlands. Institutionen, Willensbildung und

Politikfelder, München.

Schulten Thorsten (2006): Gesetzliche und tarifliche Mindestlöhne in Europa – ein internationaler Überblick, in: Mindestlöhne in Europa, hrsg. v. Thorsten Schulten, Reinhard Bispinck und Claus Schäfer, Hamburg, S. 9 – 30.

Auflösung der Homepage-Schlüssel (alle zuletzt besucht am 27.07.08)

8 Euro-HP, Eckpunkte http://archiv.8euro.de/eckpunkte_mindestlohn.php

8 Euro-HP, Stimmen http://archiv.8euro.de/stimmen_fuer_mindestlohn.php#start

DGB-HP, Arbeitsplätze

     http://www.mindestlohn.de/argument/fehlargumente/mindestloehne_vernichten_arbeit splaetze/

DGB-HP, Entsendegesetz http://www.mindestlohn.de/meldung/aktuell/entsendegesetz/

DGB-HP, Europa http://www.mindestlohn.de/argument/mindestloehne_anderswo/

DGB-HP, Fehlargumente http://www.mindestlohn.de/argument/fehlargumente/

Fokus-HP http://www.focus.de/politik/diverses/mindestlohn-spd-generalsekretaer-heil-mindestlohn-fuer-zeitarbeit-kommt_aid_319879.html

SPD-HP, Gute Arbeit http://www.gutearbeit.spd.de/servlet/PB/menu/1725446/index.html